上海市工程建设规范

绿色建材评价通用标准(第二册)

Technical evaluation standard for green building materials(second volumes)

DG/TJ 08—2352—2021

J 15741—2021

主编单位:上海市建筑科学研究院有限公司
上海市绿色建筑协会
上海建科检验有限公司

批准部门:上海市住房和城乡建设管理委员会

施行日期:2021 年 9 月 1 日

同济大学出版社

2021　上海

图书在版编目(CIP)数据

绿色建材评价通用标准. 第二册 / 上海市建筑科学研究院有限公司，上海市绿色建筑协会，上海建科检验有限公司主编. —上海：同济大学出版社，2021.8

ISBN 978-7-5608-9716-5

Ⅰ. ①绿… Ⅱ. ①上… ②上…③上… Ⅲ. ①建筑材料-无污染技术-技术标准-上海 Ⅳ. ①TU5-65

中国版本图书馆 CIP 数据核字(2021)第 130311 号

绿色建材评价通用标准(第二册)

上海市建筑科学研究院有限公司
上海市绿色建筑协会　　　　　　　　主编
上海建科检验有限公司

策划编辑　张平官
责任编辑　朱　勇
责任校对　徐春莲
封面设计　陈益平

出版发行　同济大学出版社　　www.tongjipress.com.cn
（地址：上海市四平路 1239 号　邮编：200092　电话：021－65985622）
经　　销　全国各地新华书店
印　　刷　浦江求真印务有限公司
开　　本　889mm×1194mm　1/32
印　　张　1.5
字　　数　40 000
版　　次　2021 年 8 月第 1 版　2021 年 8 月第 1 次印刷
书　　号　ISBN 978-7-5608-9716-5
定　　价　15.00 元

上海市住房和城乡建设管理委员会文件

沪建标定〔2021〕245 号

上海市住房和城乡建设管理委员会
关于批准《绿色建材评价通用标准(第二册)》
为上海市工程建设规范的通知

各有关单位:

由上海市建筑科学研究院有限公司、上海市绿色建筑协会和上海建科检验有限公司主编的《绿色建材评价通用标准(第二册)》,经我委审核,现批准为上海市工程建设规范,统一编号为DG/TJ 08—2352—2021,自 2021 年 9 月 1 日起实施。

本规范由上海市住房和城乡建设管理委员会负责管理,上海市建筑科学研究院有限公司负责解释。

特此通知。

上海市住房和城乡建设管理委员会

二〇二一年四月十二日

前 言

根据上海市住房和城乡建设管理委员会《关于印发〈2018 年上海市工程建设规范、建筑标准设计编制计划〉的通知》（沪建标定〔2017〕898 号）的要求，由上海市建筑科学研究院有限公司、上海市绿色建筑协会和上海建科检验有限公司会同有关单位经广泛调查研究，认真总结实践经验，参考国内外相关标准，在广泛征求意见的基础上，制定本标准。

本标准主要内容有：总则；术语；基本规定；分类评价等。

各单位及相关人员在执行本标准过程中，如有意见或建议，请反馈至上海市住房和城乡建设管理委员会（地址：上海市大沽路 100 号；邮编：200003；E-mail：shjsbzgl@163.com）、上海市建筑科学研究院有限公司（地址：上海市宛平南路 75 号；邮编 200032；E-mail：yanglixiang@sribs.com）、上海市建筑建材业市场管理总站（地址：上海市小木桥路 683 号；邮编：200032；E-mail：shgcbz@163.com），以供今后修订时参考。

主 编 单 位：上海市建筑科学研究院有限公司
上海市绿色建筑协会
上海建科检验有限公司

参 编 单 位：上海浦公检测技术股份有限公司
龙元明筑科技有限责任公司
上海伟星新型建材有限公司
上海公元建材发展有限公司
金塑企业集团（上海）有限公司
上海上塑控股（集团）有限公司
上海宝生新型建材有限公司

谱尼测试集团上海有限公司

主要起草人:俞海勇　司家宁　王　静　王汇川　许解良
陈嘉敏　刘　朝　夏文丽　张　俊　王　琼
仲小亮　苏　宇　杨　霞　孙艾薇　王　娟
范　倩　刘　楠　余学良　黄逸晨　裴传飞
章钰锋　王　锰　严　敏　吴忠棉　陈箭臣
陈　忠　陈　斌

主要审查人:张燕平　孙振平　楼明刚　钟伟荣　吴　凯
柴　冈　贺鸿珠

上海市建筑建材业市场管理总站

目　次

Contents

1 总 则

1.0.1 为科学引导和规范本市绿色建材评价工作，加快绿色建材推广应用，制定本标准。

1.0.2 本标准适用于本市新建、改建和扩建工程中使用的内墙涂料、建筑成品外窗（以铝合金型材和 PVC-U 塑料型材制作的建筑成品外窗）、塑料管材与管件（聚烯烃类给水管材管件和聚氯乙烯类排水管材管件）、建筑防水材料（沥青基防水卷材、高分子防水卷材、防水涂料）的绿色性能评价。

1.0.3 评价绿色建材时，应依据节约资源、保护环境的原则，统筹考虑建材产品的资源属性、能源属性、环境属性和品质属性。

1.0.4 绿色建材的评价除应符合本标准外，尚应符合国家、行业及本市现行有关标准的规定。

2 术 语

2.0.1 内墙涂料 interior wall paint

涂覆在水泥基或其他非金属材料为基材的建筑物内表面，起保护、装饰或其他特殊功能的材料。

2.0.2 建筑成品外窗 finished out-windows for building

根据设定的性能指标对外窗所用材料（型材、五金件、密封材料、玻璃、附件等）进行整体的系统设计，形成相应的技术文件，并按照技术文件制作、检测、安装、使用维护，达到设定性能指标的外窗。

2.0.3 塑料管材与管件 plastic pipe and fitting

以高分子合成树脂为主要原料，加入必要的添加剂，经挤出成型的管状制品，以及经注塑成型的用于管道系统安装的配件。

2.0.4 建筑防水材料 building waterproof material

防止雨水、雪水、地下水、工业和民用的给排水、各种腐蚀性液体渗入，以及空气中的湿气、蒸气等侵入建筑物的防渗防潮材料。

2.0.5 新鲜水 freshwater

企业厂区内用于生产的新鲜水，包括城市自来水、地下水、地表水及水产品。

3 基本规定

3.1 基本要求

3.1.1 绿色建材评价应以同一企业、同一生产基地、同一生产工艺生产的单类建材产品为对象。当涉及与生产过程相关的指标，应以对生产该产品的企业的评价结果为依据。

3.1.2 评价时应按本标准的有关要求，对申请评价方提交的报告和证明文件进行审查，出具评价报告，确定等级。

3.2 评价指标

3.2.1 绿色建材评价指标应由控制项指标和评级项指标两类指标组成。

3.2.2 控制项指标应包括产品生产企业的基本要求和产品生产的基本要求。

3.2.3 评级项指标应包含资源属性、能源属性、环境属性和品质属性四类一级指标，在一级指标下设置可量化、可检测、可验证的二级指标，各类指标应按表3.2.3进行设置。

表3.2.3 绿色建材评级项指标内容设置要求

指标分类	指标内容
资源属性	降低单位产品生产的原材料用量
	降低单位产品生产的用水量
	便于回收利用
	减少包装物材料

续表3.2.3

指标分类	指标内容
能源属性	降低单位产品生产能耗
环境属性	降低产品生产过程中的废水排放
	降低产品生产过程中的大气污染物排放
	降低产品生产过程中的固体废弃物排放
品质属性	提高产品的耐久性
	提高产品的健康安全属性

3.3 评价方法

3.3.1 绿色建材评价应采取资料审核、性能检测和现场核查的方式。

3.3.2 绿色建材评价必须满足所有控制项指标的要求。

3.3.3 绿色建材评价的评级项指标应采用符合性评价原则，同时满足控制项指标和评级项指标对应星级要求的产品可判定为一星级、二星级或三星级绿色建材产品。

3.3.4 生产企业应按规定提供有效期内的第三方环境监测报告、管理体系认证证书、产品型式检验报告、安全生产标准化证书、产品环境声明和碳足迹报告、应用技术文件（如企业标准、企业技术规程、施工应用指南、使用说明书等）等相关资料。

3.3.5 资源属性中单位产品原材料消耗、单位产品新鲜水消耗、原材料固体废弃物使用率、生产过程产生固体废弃物可利用率、废型材回收率应按本标准附录A的规定进行计算。

3.3.6 环境属性中单位产品废水排放量应按本标准附录A的规定进行计算。

3.3.7 品质属性指标应由生产企业提供有效期内的证明文件。

4 分类评价

4.1 一般规定

4.1.1 控制项指标要求应符合下列要求：

1 产品的基本性能应符合相关产品标准的要求。

2 生产企业在生产制造过程中严禁添加国家、行业和本市明令禁用的有害物质。

3 生产企业近3年应无重大环境污染事件和重大安全事故。

4 生产企业应按照现行国家标准《质量管理体系要求》GB/T 19001和《环境管理体系要求及使用指南》GB/T 24001分别建立并运行质量管理体系和环境管理体系。

5 一般固体废弃物的收集、贮存和处置应符合现行国家标准《一般工业固体废物贮存、处置场污染控制标准》GB 18599的相关规定。危险废物的贮存应符合现行国家标准《危险废物贮存污染控制标准》GB 18597的相关规定，后续应交付给持有危险废物经营许可证的单位处置。

6 生产企业应采用先进的技术工艺，禁止使用国家或有关部门发布的淘汰或禁止的技术、工艺、装备。

4.2 内墙涂料

4.2.1 内墙涂料控制项指标除满足一般要求外，还应符合下列规定：

1 生产企业应安装有效的颗粒物回收装置和有效的局部或整体密闭排气收集系统，收集后进入密闭式负压废气处理系统。

2 企业产品包装应符合现行国家标准《涂料产品包装通则》GB/T 13491 和《包装与环境　第1部分：通则》GB/T 16716.1 的要求，包装材质不得含有聚氯乙烯或国家、行业和本市明令禁用的其他有害物质。

4.2.2 内墙涂料评级项指标包括资源属性指标、能源属性指标、环境属性指标和品质属性指标，具体评级项指标应符合表 4.2.2 的要求。

表 4.2.2　内墙涂料评级项指标要求

一级指标	二级指标		单位	基准值			评价方法
				一星级	二星级	三星级	
资源属性	单位产品原材料消耗		%	≤1.030	≤1.025	≤1.015	本标准附录 A.0.1
	单位产品新鲜水消耗		%	≤0.25			本标准附录 A.0.2
能源属性	单位产品综合能耗	≥5 000 t/y	kgce/t	≤10.0	≤9.0	≤8.5	GB/T 2589
		<5 000 t/y		≤7.0	≤6.3	≤6.0	
环境属性	单位产品废水排放量		%	≤0.4	≤0.3	≤0.25	本标准附录 A.0.5
品质属性	挥发性有机化合物含量(VOC)	60°光泽≤10	g/L	≤80	≤30	≤10	GB 18582
		60°光泽>10		≤100	≤80	≤50	
	甲醛含量		mg/kg	≤50	≤25	≤10	
	总挥发性有机化合物释放量(TVOC)		mg/m^3	≤3.0	≤2.0	≤1.0	JG/T 481
	甲醛释放量		mg/m^3	≤0.3	≤0.2	≤0.1	
	苯系物总和含量[限苯、甲苯、二甲苯(含乙苯)]		mg/kg	≤100	≤80	≤50	GB 18582
	总铅含量		mg/kg	≤90	≤50	≤20	GB/T 30647

续表4.2.2

一级指标	二级指标			单位	基准值			评价方法
					一星级	二星级	三星级	
品质属性	可溶性重金属含量		镉	mg/kg	≤75	≤40	≤20	GB/T 23991
			铬		≤60	≤40	≤20	
			汞		≤40	≤30	≤20	
			砷		≤40	≤30	≤20	
			钡		≤120	≤110	≤100	
			硒		≤40	≤30	≤20	
			锑		≤40	≤30	≤20	
			钴		≤40	≤30	≤20	GB/T 30647
	烷基酚聚氧乙烯醚总和含量			mg/kg	≤1000		≤100	GB 18582
	生物杀伤剂含量	异噻唑啉酮	氯甲基异噻唑啉酮/甲基异噻唑啉酮(3/1)[CMI/MI(3/1)]	mg/kg	—	—	≤15	提供全部生物杀伤剂使用清单(不得添加物质的污染限值均为 50 mg/kg)
			辛基异噻唑啉酮(OIT)		—	—	≤500	
			苯并异噻唑酮(BIT)		—	—	≤500	
			甲基异噻唑酮(MI)		—	—	≤200	
			双氯辛基异噻唑啉酮(DCOIT)		—	—	≤500	
			异噻唑啉酮含量总和		—	—	≤750	
		碘代丙炔基氨基甲酸丁酯(IPBC)			—	—	≤1 500	
		吡啶硫酮锌(ZPT)			—	—	≤1 500	
		二(3-氨丙基)十二烷基胺			—	—	≤500	
	耐沾污综合能力(白色和浅色)*			—	≥30	≥40	≥45	GB/T 9780
	耐洗刷性			次	≥1 500	≥6 000	≥10 000	GB/T 9266

注:浅色是指以白色涂料为主要成分,添加适量色浆后配制成的浅色涂料形成的涂膜所呈现的浅颜色,按现行国家标准《中国颜色体系》GB/T 15608 中规定明度值为 6～9(三刺激值中的YD 65≥31.26)。

4.3 建筑成品外窗

4.3.1 建筑成品外窗控制项指标除满足一般要求外，还应符合下列规定：

1 本标准适用于以铝合金型材和 PVC-U 塑料型材制作的建筑成品外窗。

2 塑料型材有害物质含量应符合现行国家标准《室内装饰装修材料门、窗用未增塑聚氯乙烯（PVC-U）型材有害物质限量》GB/T 33284 的规定。

3 门窗生产、安装所用密封胶中的有害物质限量应符合现行国家标准《室内装饰装修材料胶粘剂中有害物质限量》GB/T 18583 的规定。

4 应符合现行上海市工程建设规范《民用建筑外窗应用技术规程》DG/TJ 08—2242 中的规定。

4.3.2 建筑成品外窗评级项指标包括资源属性指标、能源属性指标、环境属性指标和品质属性指标，具体评级项指标应符合表 4.3.2 的规定。

表 4.3.2 建筑成品外窗产品评级项指标

<table>
<tr><th rowspan="2">一级指标</th><th rowspan="2" colspan="2">二级指标</th><th rowspan="2">单位</th><th colspan="3">基准值</th><th rowspan="2">评价方法</th></tr>
<tr><th>一星级</th><th>二星级</th><th>三星级</th></tr>
<tr><td>资源属性</td><td colspan="2">废型材回收率</td><td>%</td><td>≥90</td><td>≥92</td><td>≥95</td><td>本标准附录 A.0.6</td></tr>
<tr><td>能源属性</td><td colspan="2">单位产品综合能耗</td><td>$kgce/m^2$</td><td>≤1.2</td><td>≤0.9</td><td>≤0.6</td><td>仅组装用能</td></tr>
<tr><td rowspan="3">环境属性</td><td rowspan="2">生产车间颗粒物(24 h平均)</td><td>粒径≤10 μm</td><td>$\mu g/m^3$</td><td>≤150</td><td colspan="2">≤50</td><td rowspan="2">GB 3095</td></tr>
<tr><td>粒径≤2.5 μm</td><td>$\mu g/m^3$</td><td>≤75</td><td colspan="2">≤35</td></tr>
<tr><td colspan="2">生产过程产生噪声</td><td>dB</td><td>≤65</td><td>≤60</td><td>≤55</td><td>GB 12348</td></tr>
</table>

续表4.3.2

一级指标	二级指标	单位	基准值			评价方法
			一星级	二星级	三星级	
品质属性	气密性($\pm q_1/\pm q_2$)	级	≥6	≥7	≥8	GB/T 7106
	水密性(ΔP)	级	≥3	≥4	≥5	
	抗风压性(P_3)	级	≥3	≥4	≥5	
	保温性能(K)	W/(m^2·K)	≤2.2	≤2.0	≤1.8	GB/T 8484
	空气声隔声性能(R_w+C_{tr})	dB	≥30	≥32	≥35	GB/T 8485
	反复启闭性能	次	≥10 000	≥20 000	≥30 000	GB/T 29739

4.4 塑料管材与管件

4.4.1 塑料管材与管件绿色评价对象为聚烯烃类给水管材管件和聚氯乙烯类排水管材管件。

4.4.2 管材与管件评级项指标包括资源属性指标、能源属性指标、环境属性指标和品质属性指标，聚烯烃类给水管材、管件评级项指标应符合表4.4.2-1的规定，聚氯乙烯类排水管材、管件应符合表4.4.2-2的规定。

表4.4.2-1 聚烯烃类塑料给水管材、管件评级项指标要求

一级指标	二级指标		单位	基准值			评价方法
				一星级	二星级	三星级	
资源属性	原材料固体废弃物使用率		%	利用本厂生产的同类产品的清洁回用料作为原材料，使用率符合相应产品标准			本标准附录A.0.3
	生产过程产生固体废弃物可利用率		%	100			本标准附录A.0.4
能源属性	单位产品综合能耗	管材	kgce/kg	≤0.07	≤0.06	≤0.05	GB/T 2589
		管件	kgce/kg	≤0.4	≤0.3	≤0.2	

续表 4.4.2-1

<table>
<tr><th rowspan="2">一级指标</th><th rowspan="2" colspan="2">二级指标</th><th rowspan="2">单位</th><th colspan="3">基准值</th><th rowspan="2">评价方法</th></tr>
<tr><th>一星级</th><th>二星级</th><th>三星级</th></tr>
<tr><td>环境属性</td><td colspan="2">单位产品废水排放量</td><td>—</td><td colspan="3">不得排放</td><td>—</td></tr>
<tr><td rowspan="10">品质属性</td><td colspan="2">总增塑剂限量</td><td>—</td><td colspan="3">生产不得使用增塑剂</td><td>—</td></tr>
<tr><td colspan="2">氧化诱导时间(210 ℃)</td><td>min</td><td>≥30</td><td>≥40</td><td>≥50</td><td>GB/T 19466.6</td></tr>
<tr><td colspan="2">炭黑含量(仅适用于黑色管材)</td><td>%</td><td colspan="3">2.0～2.5</td><td rowspan="2">GB/T 18251</td></tr>
<tr><td colspan="2">炭黑分散(仅适用于黑色管材)/颜料分散</td><td>级</td><td colspan="3">≤3</td></tr>
<tr><td colspan="2">灰分</td><td>%</td><td colspan="3">聚丙烯≤1.5；
聚乙烯≤0.1</td><td>GB/T 9345.1
GB/T 18742
GB/T 13663</td></tr>
<tr><td colspan="2">着色混配料</td><td>—</td><td colspan="3">使用依照 GB/T 18252、GB/T 18475 或等同方法测试和命名的混配料生产</td><td>GB/T 18252
GB/T 18475</td></tr>
<tr><td colspan="2">管配件连接可靠性</td><td>—</td><td>管件为管材生产企业委托制造，≥50%的原材料、配件(嵌件、电阻丝、密封圈等)由管材企业提供或指定</td><td colspan="2">管材、管件均为同一企业(或集团)生产；或管件为管材生产企业委托制造，100%的原材料、配件(嵌件、电阻丝、密封圈等)由管材企业提供或指定</td><td>—</td></tr>
<tr><td rowspan="2">生产自动化</td><td>管材：生产线配置智能外径、壁厚监控装置使用率</td><td>%</td><td>≥50</td><td>≥75</td><td>100</td><td>—</td></tr>
<tr><td>管件：智能机械手或机器人使用率</td><td>%</td><td>≥5</td><td>≥20</td><td>≥50</td><td>—</td></tr>
</table>

续表 4.4.2-1

一级指标	二级指标	单位	基准值			评价方法
			一星级	二星级	三星级	
品质属性	卫生性能	—	符合现行国家标准《生活饮用水输配水设备及防护材料的安全性评价标准》GB/T 17219 的或符合卫生部《生活饮用水输配水设备及防护材料卫生安全评价规范》的规定			GB/T 17219
	应用技术文件	—	提供连接工艺参数		提供连接工艺参数和配套连接机具	—

表 4.4.2-2 聚氯乙烯类塑料排水管材、管件评级项指标要求

一级指标	二级指标		单位	基准值			评价方法
				一星级	二星级	三星级	
资源属性	原材料固体废弃物使用率		%	100			本标准附录 A.0.3
	生产过程产生固体废弃物可利用率		%	100			本标准附录 A.0.4
能源属性	单位产品综合能耗	管材	kgce/kg	≤0.06	≤0.05	≤0.04	GB/T 2589
		管件	kgce/kg	≤0.3	≤0.2	≤0.1	
环境属性	单位产品废水排放量		—	不得排放			—
	生产过程环境影响		—	—	原辅材料采用集中供料、管道输配		—
品质属性	内排水管道系统噪声		dB	[48～50]	[45,48]	<45	CJ/T 312
	氯乙烯单体含量		mg/kg	≤5.0	≤3.0	≤1.0	GB/T 4615
	总增塑剂限量		—	生产不得使用增塑剂			—
	密度		kg/m^3	[1 450～1 550]	[1 400，1 450]	[1 350，1 400]	GB/T 1033.1
	铅限量		mg/kg	≤200	≤100	≤50	GB/T 26125*

续表 4.4.2-2

一级指标	二级指标		单位	基准值			评价方法
				一星级	二星级	三星级	
品质属性	管配件连接可靠性		—	管件为管材生产企业委托制造时，且至少一项所用原材料、配件（密封圈等）非管材企业提供或指定	管材、管件均为同一企业（或集团）生产；或管件为管材生产企业委托制造，100%的原材料、配件（密封圈等）由管材企业提供或指定		—
	生产自动化	管材超声波、红外等在线外径、壁厚监控装置使用率	%	≥50	≥75	100	—
		管件智能机械手或机器人使用率	%	≥5	≥20	≥50	—

注：应按国家标准《电子电气产品　六种限用物质（铅、汞、镉、六价铬、多溴联苯和多溴二苯醚）的测定》GB/T 26125—2011 第 8 章的规定进行试验。应采用密闭酸消解系统进行样品前处理，以电感耦合等离子体质谱法（ICP-MS）试验结果为最终判定依据。

4.5　建筑防水材料

4.5.1　建筑防水材料控制项指标除满足一般要求外，对于有外露使用要求的防水材料产品，其燃烧性能应符合现行国家标准《建筑材料及制品燃烧性能分级》GB 8624 规定的 B2(E)级要求。

4.5.2　防水材料评级项指标包括资源属性指标、能源属性指标、环境属性指标和品质属性指标，沥青基防水卷材的评级项指标应符合表 4.5.2-1 的规定，高分子防水卷材的评级项指标应符合表4.5.2-2的规定，防水涂料的评级项指标应符合表 4.5.2-3 的规定。

表 4.5.2-1 沥青基防水卷材评级项指标要求

一级指标	二级指标		单位	基准值			评价方法
				一星级	二星级	三星级	
资源属性	单位产品新鲜水消耗		kg/m²	≤0.25			本标准附录 A.0.2
能源属性	单位产品综合能耗	有胎卷材	kgce/km²	≤200	≤190	≤180	GB/T 2589
		无胎卷材		≤100	≤95	≤90	
环境属性	总悬浮颗粒物浓度(车间内部)		mg/m³	≤8			GB/T 15432
品质属性	沥青软化点	弹性体改性沥青	℃	≤135	≤130	≤125	GB/T 4507
		塑性体改性沥青		≤150	≤145	≤140	
	耐久性能(热空气老化)	拉伸性能保持率	%	—	≥80	≥80	GB/T 35609 附录 B
		低温柔度	—	—	无裂纹	无裂纹	
	耐水性能	拉伸强度保持率	%	—	≥80	≥80	GB/T 35609 附录 B

表 4.5.2-2 高分子防水卷材评级项指标要求

一级指标	二级指标			单位	基准值			评价方法
					一星级	二星级	三星级	
资源属性	单位产品新鲜水消耗			kg/m²	≤0.25			本标准附录 A.0.2
能源属性	单位产品综合能耗		硫化类	kgce/km²	≤450	≤420	≤400	GB/T 2589
			其他高分子类		≤200	≤190	≤180	
环境属性	总悬浮颗粒物浓度(车间内部)			mg/m³	≤8			GB/T 15432
品质属性	耐久性能	热空气老化	拉伸性能保持率	%	—	≥75	≥80	GB/T 35609 附录 B
			低温弯折性	—	—	无裂纹	无裂纹	
		人工气候加速老化[a]	拉伸性能保持率	%	—	≥75	≥80	
			低温弯折性	—	—	无裂纹	无裂纹	
	耐水性能[b]		拉伸强度保持率	%	—	≥75	≥80	GB/T 35609 附录 B
	隔热性能[c]	近红外反射比		%		≥80	≥85	JG/T 402
		太阳光反射比		%		≥65	≥84	JG/T 402

注：[a]适用于外露使用的产品。

[b]执行现行国家标准《聚氯乙烯(PVC)防水卷材》GB 12952 和《热塑性聚烯烃(TPO)防水卷材》GB 27789 的产品不测本项目。

[c]适用于具有反射隔热功能的产品。

表 4.5.2-3 防水涂料评级项指标要求

<table>
<tr><th rowspan="3">一级指标</th><th rowspan="3" colspan="2">二级指标</th><th rowspan="3">单位</th><th colspan="6">基准值</th><th rowspan="3">评价方法</th></tr>
<tr><th colspan="2">一星级</th><th colspan="2">二星级</th><th colspan="2">三星级</th></tr>
<tr><th>水性</th><th>高固含量型</th><th>水性</th><th>高固含量型</th><th>水性</th><th>高固含量型</th></tr>
<tr><td>资源属性</td><td colspan="2">单位产品新鲜水消耗</td><td>%</td><td>≤0.015</td><td>≤0.010</td><td>≤0.015</td><td>≤0.010</td><td>≤0.015</td><td>≤0.010</td><td>本标准附录 A.0.2</td></tr>
<tr><td>能源属性</td><td colspan="2">单位产品综合能耗</td><td>kgce/t</td><td>≤3.2</td><td>≤13.5</td><td>≤3.0</td><td>≤12.5</td><td>≤2.5</td><td>≤11.5</td><td>GB/T 2589</td></tr>
<tr><td rowspan="2">环境属性</td><td colspan="2">空气中粉尘容许浓度(限工作场所,配料工序除外)[a]</td><td>mg/m³</td><td>≤8</td><td>—</td><td>≤8</td><td>—</td><td>≤8</td><td>—</td><td>GBZ/T192.1</td></tr>
<tr><td colspan="2">产品废水排放量</td><td>%</td><td colspan="6">≤0.010</td><td>本标准附录 A.0.5</td></tr>
<tr><td rowspan="6">品质属性[c]</td><td colspan="2">固体含量</td><td>%</td><td>—</td><td>单组分≥80
多组分≥85</td><td>—</td><td>单组分≥85
多组分≥90</td><td>—</td><td>单组分≥90
多组分≥95</td><td>GB/T 16777</td></tr>
<tr><td rowspan="2">耐久性能</td><td>热空气老化</td><td>—</td><td rowspan="2" colspan="2">—</td><td rowspan="2" colspan="4">通过</td><td rowspan="2">GB/T 35609 附录 B</td></tr>
<tr><td>人工气候加速老化[b]</td><td>—</td></tr>
<tr><td rowspan="3">耐水性能</td><td>地下用</td><td rowspan="3">%</td><td>—</td><td rowspan="3">—</td><td>≥80</td><td rowspan="3">≥80</td><td>≥80</td><td rowspan="3">≥80</td><td rowspan="3">GB/T 35609 附录 B</td></tr>
<tr><td>屋面和室外用</td><td>—</td><td>≥80</td><td>≥80</td></tr>
<tr><td>室内用</td><td>—</td><td>≥50</td><td>≥50</td></tr>
</table>

表 4.5.2-3

一级指标	二级指标		单位	基准值						评价方法
				一星级		二星级		三星级		
				水性	高固含量型	水性	高固含量型	水性	高固含量型	
品质属性[c]	挥发性有机化合物含量(VOC)		g/L	≤50	单组分≤100 多组分≤50	≤30	单组分≤100 多组分≤50	≤10	单组分≤100 多组分≤50	JC 1066
	游离甲醛		mg/kg	≤75	—	≤60	—	≤40	—	
	氨		mg/kg	≤500	—	≤400	—	≤300	—	
	苯		mg/kg	50		30		20		
	苯+甲苯+乙苯+二甲苯		mg/kg	≤300	≤1 000	≤250	≤1 000	≤200	≤1 000	
	苯酚[d]		mg/kg	—	≤100	—	≤100	—	≤100	
	蒽[d]		mg/kg	—	≤10	—	≤10	—	≤10	
	萘[d]		mg/kg	—	≤200	—	≤200	—	≤200	
	游离 TDI[d]		g/kg	—	≤3	—	≤3	—	≤3	
	可溶性重金属	铅 Pb	mg/kg	≤30				≤10		
		镉 Cd	mg/kg	≤30				≤10		
		铬 Cr	mg/kg	≤40				≤20		
		汞 Hg	mg/kg	≤10				≤10		

注：[a]仅针对粉料组分。

[b]适用于外露使用的产品。

[c]挥发性有机化合物含量(VOC)、离甲醛、氨、苯、苯+甲苯+乙苯+二甲苯、苯酚、蒽、萘、游离 TDI 检测项目中，水性涂料仅针对液料，结果按液体组分计算。

[d]仅适用于聚氨酯类防水涂料。

附录A 计算方法

A.0.1 单位产品原材料消耗应按公式（A.0.1）计算，精确到小数点后3位。

$$P_i = \frac{M_i}{M_c} \times 100\% \tag{A.0.1}$$

式中：P_i——单位产品原材料消耗量（%）；

M_i——评价期内产品所需的原料使用量总量（t）；

M_c——评价期内产品总产量（t）。

A.0.2 单位产品新鲜水消耗应按公式（A.0.2）计算，精确到小数点后3位。

$$V_i = \frac{V_h}{P} \times 100\% \tag{A.0.2}$$

式中：V_i——单位产品新鲜水消耗量（%）；

V_h——评价期内产品生产消耗的新鲜水量（t）；

P——评价期内产品总产量（t）。

A.0.3 原材料固体废弃物使用率应按公式（A.0.3）计算，精确到整数位。

$$P_i = \frac{M_i}{M_c} \times 100\% \tag{A.0.3}$$

式中：P_i——每立方米固体废弃物占原材料总量的质量百分比（%）；

M_i——每立方米固体废弃物使用量（kg/m^3）；

M_c——每立方米原材料总量（kg/m^3）。

A.0.4 生产过程产生固体废弃物可利用率以1年生产为周期计算平均值，应按公式(A.0.4)计算，精确到整数位。

$$P_{j}=\frac{M_{j}}{M_{c}}\times 100\% \tag{A.0.4}$$

式中：P_j——生产过程产生固体废弃物可利用率(%)；

M_j——评价期内回收再利用的固体废弃物量(kg)；

M_c——评价期生产产生的固体废弃物总量(kg)。

A.0.5 单位产品废水排放量为每生产1 t产品排放的废水量，应按公式(A.0.5)计算，精确到小数点后2位。

$$V_{j}=\frac{V_{g}}{P}\times 100\% \tag{A.0.5}$$

式中：V_j——单位产品废水排放量(%)；

V_g——评价期产品生产废水排放量(t)；

P——评价期内产品总产量(t)。

A.0.6 废型材回收率(铝合金、塑料)为企业在生产过程中回收的废型材总量与产生的废型材总量之比，应按公式(A.0.6)计算，精确到整数位。

$$X=\frac{A_{L}}{A_{Z}}\times 100\% \tag{A.0.6}$$

式中：X——废型材回收率(%)；

A_L——生产废型材回收总量(t)；

A_Z——产生的废型材总量(t)。

本标准用词说明

1 为了在执行本标准条文时区别对待，对要求严格程度不同的用词说明如下：

1）表示很严格，非这样做不可的用词：
正面词采用“必须”；
反面词采用“严禁”。

2）表示严格，在正常情况均应这样做的用词：
正面词采用“应”；
反面词采用“不应”或“不得”。

3）表示允许稍有选择，在条件许可时首先应这样做的用词：
正面词采用“宜”；
反面词采用“不宜”。

4）表示有选择，在一定条件下可以这样做的用词，采用“可”。

2 标准中指明应按其他有关标准执行时，写法为：“应符合……的规定”或“应按……执行”。

引用标准名录

1 《综合能耗计算通则》GB/T 2589

2 《环境空气质量标准》GB 3095

3 《氮化硼中杂质元素测定方法》GB/T 3400

4 《沥青软化点测定法》GB/T 4507

5 《聚氯乙烯残留氯乙烯单体的测定气相色谱法》GB/T 4615

6 《建筑外门窗气密、水密、抗风压性能分级及检测方法》GB/T 7106

7 《铝合金门窗》GB/T 8478

8 《建筑外门窗保温性能分级及检测方法》GB/T 8484

9 《建筑外门窗空气声隔声性能分级及检测方法》GB/T 8485

10 《建筑涂料涂层耐洗刷性的测定》GB/T 9266

11 《塑料灰分的测定　第1部分:通用方法》GB/T 9345.1

12 《建筑涂料涂层耐沾污性试验方法》GB/T 9780

13 《工业企业厂界环境噪声排放标准》GB 12348

14 《给水用聚乙烯(PE)管道系统　第2部分:管材》GB/T 13663.2

15 《给水用聚乙烯(PE)管道系统　第3部分:管件》GB/T 13663.3

16 《环境空气总悬浮颗粒物的测定》GB/T 15432

17 《建筑防水涂料试验方法》GB/T 16777

18 《生活饮用水输配水设备及防护材料的安全性评价标准》GB/T 17219

19 《聚烯烃管材、管件和混配料中颜料或炭黑分散的测定方法》GB/T 18251

20 《塑料管道系统用外推法对热塑性塑料管材长期静液压强度的测定》GB/T 18252

21 《热塑性塑料压力管材和管件用材料分级和命名　总体使用（设计）系数》GB/T 18475

22 《室内装饰装修材料内墙涂料中有害物质限量》GB 18582

23 《室内装饰装修材料胶粘剂中有害物质限量》GB/T 18583

24 《危险废物贮存污染控制标准》GB/T 18597

25 《一般工业固体废物贮存、处置场污染控制标准》GB/T 18599

26 《冷热水用聚丙烯管道系统　第 2 部分：管材》GB/T 18742.2

27 《冷热水用聚丙烯管道系统　第 3 部分：管件》GB/T 18742.3

28 《质量管理体系要求》GB/T 19001

29 《塑料差示扫描量热法（DSC）　第 6 部分：氧化诱导时间（等温 OIT）和氧化诱导温度（动态 OIT）的测定》GB/T 19466.6

30 《涂料中可溶性有害元素含量的测定》GB/T 23991

31 《环境管理体系要求及使用指南》GB/T 24001

32 《电子电气产品六种限用物质的检测方法》GB/T 26125

33 《建筑用塑料窗》GB 28887

34 《门窗反复启闭耐久性试验方法》GB/T 29739

35 《涂料中有害元素总含量的测定》GB/T 30647

36 《建筑幕墙、门窗通用技术要求》GB/T 31433

37 《室内装饰装修材料门、窗用未增塑聚氯乙烯（PVC-U）型材有害物质限量》GB/T 33284

38 《工作场所空气中粉尘测定　第 1 部分：总粉尘浓度》GBZ/T 192.1

39 《建筑排水管道系统噪声测试方法》CJ/T 312

40 《建筑防水涂料中有害物质限量》JC 1066

41 《热反射金属屋面板》JG/T 402

42 《低挥发性有机化合物（VOC）水性内墙涂覆材料》JG/T 481

43 《民用建筑外窗应用技术规程》DG/TJ 08—2242

上海市工程建设规范

绿色建材评价通用标准(第二册)

DG/TJ 08—2352—2021

J 15741—2021

条 文 说 明

2021　上海

目　次

Contents

1 总 则

1.0.1 建筑材料用量大、生产相对粗放，是我国的能源、资源消耗及碳排放大户。目前，上海市各类建材的需求巨大且稳定，且能耗、污染水平均有下降空间。绿色建材对于推动建筑建材业开展绿色化转型升级，减少环境污染，实现节能减排、低碳环保化发展模式有着重要的意义。

通过评价认证方式引导建材业转型升级是发达国家推动绿色建材发展的通用模式，上海市应以现有工作为基础，借鉴国内外先进经验，建立一套适合上海建材行业特点的绿色建材评价体系，制订并实施统一、规范的上海市绿色建材评价标准，反映建材行业可持续发展理念，对积极引导绿色建材发展，具有十分重要的意义。

1.0.2 不同类型建筑材料产品因使用功能不同，其在生产、施工、使用及废弃各阶段的差异性较大，需针对各种建材产品的特点，制定相应的绿色建材评价指标与方法。考虑到住房城乡和建设部、工业和信息化部首批计划推广应用的建材产品，结合上海市现有工作基础和建材行业特性，在《绿色建材评价通用标准（第一册）》的基础上，本标准涵盖的建材品种为内墙涂料、建筑成品外窗、塑料管材与管件、建筑防水材料四类建材产品。

对于四类材料而言，它们的绿色度侧重点不同，其中内墙涂料和建筑防水材料注重产品的有害物质情况；建筑成品外窗注重清洁生产和产品质量；塑料管材与管件注重生产技术、产品有害物质情况。根据产品的特点分别制定切合实际的绿色评价体系。

表 1　本标准中涵盖的建材产品及类型

产品	类型
内墙涂料	—
建筑成品外窗	铝合金型材
	PVC-U 塑料型材
塑料管材与管件	聚烯烃类给水管材管件
	聚氯乙烯类排水管材管件
建筑防水材料	沥青基防水卷材
	高分子防水卷材
	防水涂料

1.0.3　根据《绿色建材评价标识管理办法》,绿色建材是指在全生命周期内可减少对天然资源消耗和减轻对生态环境影响,具有"资源属性、能源属性、环境属性、品质属性"特征的建材产品。绿色建材评价时应统筹考虑其全生命周期的"资源属性、能源属性、环境属性、品质属性"四要点特征,合理设置评价指标与方法,兼顾科学、合理、均衡和可操作等原则。

1.0.4　符合国家、行业及本市现行相关标准和管理的规定是参与绿色建材评价的前提条件。本标准的重点在于对反映建材产品绿色程度的"资源属性、能源属性、环境属性、品质属性"四要点,未涵盖通常建材所需要的全部功能和性能要求,故参与评价的建材产品尚应符合国家、行业及本市现行相关标准和管理的规定。当然,绿色建材的评价工作也应符合国家、行业及本市现行相关标准和管理的相关规定。

3 基本规定

3.1 基本要求

3.1.1 绿色建材评价的对象是建材产品，而非建材生产企业。对于一家建材生产企业，同品种的建材产品有多种性能有明显差异，分类产品时，应按类分别进行评价。绿色建材评价既有涉及产品本身的指标（如产品基本性能等），也有涉及生产该产品的企业相关的指标（如环境影响等）。

3.2 评价指标

3.2.2 控制项指标是指绿色建材评价时，必须满足的国家、行业和地方相关标准规定以及产业发展导向、环保、安全等要求。

3.2.3 评级项指标是反映建材产品绿色度的核心指标，应围绕绿色建材定义的“资源属性、能源属性、环境属性、品质属性”四要点进行设立。

3.3 评价方法

3.3.1 本条规定了绿色建材评价的实施方法。绿色建材评价包含以下三个过程。

1 资料审核：申请绿色建材评价的企业应按照要求提交申请材料和相关证明文件后，经对申请资料初步审核，必要时要求申请企业补充相关材料。

2　性能检测：应按照本标准对企业申报的产品进行评价，涉及产品质量、安全、环保等相关的数据，可采信有资质的机构出具的处于有效期范围内的检测报告中的结果。企业缺少相关报告时，需补充委托有资质的机构开展性能检测。

3　现场核查：根据初步评估结果，组织开展对企业建材产品生产现场的核查，核查内容除针对初评中情况交代不清楚或有疑问的部分，还应重点对企业生产过程中的环保状况、管理水平等情况进行核查。

3.3.3　本标准是在结合国家标准和行业标准的基础上，综合考虑四种材料的资源属性、能源属性、环境属性、品质属性，在国家标准的基础上应按照评级项指标将产品分为一星级、二星级或三星级。原则上，扩大一星级适用范围，提高三星级要求，创建具有上海特色的绿色建材评价体系，最终达到“人无我有，人有我优”的目标。

3.3.4　本条规定了绿色建材评价控制项指标的评价原则与方法。绿色建材评价控制项指标应按照以下要求实施评价：

1　根据企业提供的有资质的检测机构出具的有效期内的型式检验报告，判定是否符合国家、行业及本市现行相关产品标准的规定。

2　根据企业提供的有资质的机构出具的有效期内产品使用安全性（放射性、有害物质限量等）检测报告结果，判定是否符合国家、行业及本市现行相关标准的规定。

3　根据企业提供的有资质的机构出具的有效期内产品生产期间企业厂区的环保监测报告结果，判定是否符合国家、行业及本市现行相关标准的规定。

4　根据企业提供的安全生产相关证明材料，结合现场核查结果，判定是否符合国家、行业及本市现行相关标准的规定。

5　根据企业提供的其他相关材料，判定是否符合国家、行业及本市现行相关规定。

3.3.5 资源属性：

1 核查评价对象近一年的原材料采购凭证/合同、生产台账和生产记录。

2 根据企业提供的有资质的机构出具的产品废弃物掺量检查报告结果。

3 根据企业提供的产品生产过程中废物的排放及消纳数量统计结果，并结合相应的消纳措施评价实际运行情况。

3.3.6 环境属性：

1 根据企业提供的有资质的机构出具的有效期内产品生产期间企业厂区的大气污染物排放监测报告结果，并核查相应的减排措施实际运行情况。

2 根据企业提供的有资质的机构出具的有效期内产品生产期间企业厂界噪声排放监测报告结果，并核查相应的减排措施实际运行情况。

3 根据企业提供的有资质的机构颁发的环境管理体系认证证书。

4 根据企业提供的有资质的机构出具的产品认证、环境产品声明报告。

4 分类评价

4.2 内墙涂料

4.2.1 内墙涂料的基本性能应满足现行国家标准《合成树脂乳液内墙涂料》GB/T 9756、《儿童房装饰用内墙涂料》GB/T 34676，现行行业标准《水性液态内墙硅藻涂料》HG/T 5172、《内墙耐污渍乳胶涂料》HG/T 4756、《建筑内外墙用液态无机涂料》JG/T 26 和《低挥发性有机化合（VOC）水性内墙涂覆材料》JG/T 481 等标准的要求。

4.2.2 内墙涂料的评价指标中资源属性和环境属性依据《涂装行业清洁生产评价指标体系》的要求进行指标设置；能源属性中的单位产品综合能耗依据上海市地方标准《建筑涂料单位产品能源消耗限额》DB31 711—2013 中的限值、准入值、先进值进行设置基准值；品质属性主要分为产品有害物质限量要求、物理性能和生物杀伤剂含量要求，有害物质限量指标设置采用涂料产品比较常用的几项指标，其中一星级基准值是以国标要求为准，三星级基准值依据国家标准《绿色产品评价涂料》GB/T 35602—2017 的要求；物理性能的指标设置选择了两个会影响内墙涂料使用效果的指标，基准值的设置主要参照国家标准《合成树脂乳液内墙涂料》GB 9756—2018、行业标准《儿童水性内墙涂料》T/310101002—C001—2017 和现行行业标准《绿色建材评价墙面涂料》T/CECS 10039 的标准要求；生物杀伤剂含量基准值依据国家标准《绿色产品评价涂料》GB/T 35602—2017 的要求。

评价指标中单位产品废水排放量、总铅含量、烷基酚聚氧乙烯醚总和含量、耐沾污综合能力(白色和浅色)这四个指标是国家标准《绿色产品评价涂料》GB/T 35602—2017 和现行行业标准《绿色建材评价墙面涂料》T/CECS 10039 中没有的;单位产品能耗和耐洗刷性基准值设置比上述两个标准高。

4.3 建筑成品外窗

4.3.1 铝合金成品外窗和 PVC-U 塑料成品外窗是应用最广的外窗,比起彩钢板外窗、玻璃钢外窗,其更为节能环保,可作为绿色建材的备选产品。

本标准所进行的评价对象为建筑成品外窗本身,不涉及成品外窗的安装及安装所用材料。

铝合金成品外窗所用型材的基本性能应符合现行国家标准《铝合金建筑型材》GB/T 5237 的要求,及现行国家标准《铝合金门窗》GB/T 8478 和现行行业标准《铝合金门窗工程技术规范》JGJ 214 对型材的要求。

塑料成品外窗所用型材的基本性能应符合现行国家标准《门、窗用未增塑聚氯乙烯(PVC-U)型材》GB/T 8814 的要求,同时塑料型材有害物质含量应符合现行国家标准《室内装饰装修材料门、窗用未增塑聚氯乙烯(PVC-U)型材有害物质限量》GB/T 33284 的规定。

密封胶在成品外窗的生产过程中,仅在镶嵌玻璃部位使用,虽然用量不大,但也应注意其有害物质挥发对人体的伤害,故规定其中的有害物质限量应符合现行国家标准《室内装饰装修材料胶粘剂中有害物质限量》GB/T 18583 中的规定。

4.3.2 成品外窗评级的四种属性。

1 资源属性

成品外窗生产加工是使用固定长度的型材,经下料切割,再组装而成。在下料过程中,会产生切割碎屑和料头,这些都是可以回收利用的。在实际生产中也是将其回收。但门窗生产企业多数都不具备型材加工生产能力，这些碎屑和料头往往都是由型材加工企业进行回收，门窗生产企业仅收集并出售，所以仅计算废余料头的回收率，而非回收利用率。

2 能源属性

成品外窗的生产就是将型材及配件等组装成所需的成品外窗，所以其用能仅为组装用能，而门窗组装用能一般都是使用电能，即生产加工用仪器设备所耗电能。在组装过程中，切割下料、镗孔铣槽、撞角成型或焊接成型等都是能耗较高点。

本标准规定的成品外窗生产用能指标确定，是通过多家外窗生产企业对 2018 年、2019 年的用电量及外窗生产量得出的值而定的。对于产量较大的，其用能相对较少；产量相对较少的，其用能就相对较大。

3 环境属性

生产车间颗粒物(24 h 平均)：颗粒物的含量是根据国家标准《环境空气质量标准》GB 3095—2012 中的规定而选用。为了检测的方便及数据取得的可靠，选用 24 h 平均数据，而没有选用年平均数据，年平均数据需要加装长期的检测监测装置，可能性不大。

生产过程产生噪声：成品外窗生产企业应具备的设备很多，有切割机、铣孔机、加工中心、螺(铆)钉上紧机、组角机、焊机、清角机等。噪声最大的是切割机和螺(铆)钉上紧机，在设备边，其噪声可达 100 dB 以上。表 4.3.2 中指标是根据国家标准《工业企业厂界环境噪声排放标准》GB 12348—2008，选其 1 级～3 级昼间指标作为三星～一星的指标。对于该指标，编制组前往数家外窗生产企业进行复核检验。有厂区的企业，均能达到该标准；只有车间的企业，较难达到。

4 品质属性

气密性($\pm q1/\pm q2$)：气密性能是判定成品外窗密封性能好

坏的一个性能，它是以单位缝长渗透性能和单位面积渗透性能两个指标综合而得，分1级～8级多个级别。目前民用建筑成品外窗气密性能要求为6级，这也就是最低要求了。对于平开窗来说，达到最高级别8级也不是很难的事，有很多产品都能达到8级的水平。故在表中将一星的要求定为最低要求：6级；将三星的要求定为最高要求：8级。

水密性（ΔP）：水密性能是体现建筑成品外窗在下雨天是否会发生渗漏水的现象。这是一个直接关系到用户舒适度且十分直观的性能指标。就市场上的情况和标准情况来看，目前成品外窗的水密性能一般都定在250 Pa，也有将水密性能要求提高到300 Pa、350 Pa等的。从检测结果情况来看，有些成品外窗水密性能可以达到标准最高级别（6级），所以在本标准中将一星～三星分别定为250Pa、350Pa、500Pa，对应的也就是3级、4级、5级。

抗风压性（P_3）：抗风压性能是一个决定于建筑成品外窗安全性能的指标，它分得比较细，共分有9个级别。目前市场上一般设计指标为2.0 kPa，即3级，所以规定一星指标为2.0 kPa（3级），高等级的也相应地设为4级和5级。

保温性能（K）：保温性能是一个体现建筑成品外窗隔热性能的指标，其数值越低性能越好，保温性能2.2 W/(m^2·K)是目前上海对外窗保温性能规定的最低要求，所以在本标准中将其定为一星的指标，对于二星和三星，则相应地将指标进行些许提高，1.8 W/(m^2·K)是一个可以达到的、也确实有部分产品达到的指标。由于保温性能的指标级别的确定，6级指标是$2.5 < K \leqslant 2.0$，涵盖了本标准的两个指标值，所以保温性能没有采用级别来设定星级，而是直接以具体指标设定星级。

空气声隔声性能（$R_w + C_{tr}$）：空气声隔声性能主要是针对外窗而言，其指标也是根据外窗而设定。它是以计权隔声量（R_w）和交通噪声频谱修正值（C_{tr}）两者之和确定。本标准规定的一星级的空气声隔声性能为30 dB，是因为上海地区的最低指标就是

30 dB,二星和三星做相应增加。和保温性能一样,空气声隔声性能没有以级别来定星级,这主要是由于空气声隔声性能的级别是要通过三樘窗的检测来进行定级的,这将给企业增加大量的检测费用,而对于具体指标仅用一樘外窗就能进行检测,所以没有使用级别设定星级。

反复启闭性能是一个和外窗使用寿命相关的指标,"不低于1万次"是所有标准要求的最低指标值。根据国家标准《铝合金门窗》GB/T 8478—2020 中将外窗反复启闭性能分为三个等级,以1万次为最低级别,其次分别是2万次和3万次。本标准直接引用该标准中的要求,分别将一星～三星的指标定为1万次～3万次。

4.4 塑料管材与管件

4.4.1 塑料管材与管件的绿色评价对象为聚烯烃类给水管材管件和聚氯乙烯类排水管材管件,主要涉及现行国家标准《给水用聚乙烯(PE)管道系统 第2部分:管材》GB/T 13663.2、《给水用聚乙烯(PE)管道系统 第3部分:管件》GB/T 13663.3、《冷热水用聚丙烯管道系统 第2部分:管材》GB/T 18742.2、《冷热水用聚丙烯管道系统 第3部分:管件》GB/T 18742.3、《建筑排水用硬聚氯乙烯(PVC-U)管材》GB/T 5836.1、《建筑排水用硬聚氯乙烯(PVC-U)管件》GB/T 5836.2 等。产品基本性能符合国家标准规定。

4.4.2 当对塑料管材与管件进行星级评价时,首先应该满足本标准规定的全部评级项指标要求。为提升塑料管材与管件性能和品质,分别适用于给水管道和排水管道,与同类标准相比更具有针对性;本条对一星级、二星级、三星级塑料管材与管件在炭黑含量、炭黑分散/颜料分散、密度、内排水管道系统噪声、管配件连接可靠性等方面提出了更高的技术要求。与同类标准相比:增加了聚烯烃类给水管材、管件氧化诱导时间、灰分的要求；对 PVC 类排水管材、管件氯乙烯单体含量进行星级判定，不允许使用铅盐稳定剂，直接对铅限量提出了要求。对于聚烯烃类给水管材、管件，出于饮水卫生安全考虑，对卫生性能等提出要求，并且与同类标准相比增加总增塑剂限量的要求。

4.5 建筑防水材料

4.5.1 建筑防水材料的绿色评价，主要包括防水卷材和防水涂料。涉及的防水卷材有现行国家标准《聚氯乙烯防水卷材》GB/T 12952、《高分子建筑防水材料 第 1 部分：片材》GB/T 18173.1、《弹性体 SBS 改性沥青防水卷材》GB 18242、《塑性体改性沥青防水卷材》GB 18243、《自粘聚合物改性沥青防水卷材》GB 23441、《TPO 防水卷材》GB 27789、《种植屋面用耐根穿刺防水卷材》GB/T 35468 等；涉及的防水涂料有现行国家标准《聚氨酯防水涂料》GB/T 19250、《聚合物水泥防水涂料》GB/T 23445、《喷涂聚脲防水涂料》GB/T 23446，现行行业标准《金属屋面丙烯酸高弹防水涂料》JC/T 375、《水乳型沥青防水涂料》JC/T 408、《聚合物乳液建筑防水涂料》JC/T 864 等。产品基本性能符合现行相关标准的规定。

4.5.2 沥青基防水卷材的评级项指标中资源属性和环境属性依据国家标准《绿色产品评价 防水与密封材料》GB/T 35609—2017 的要求进行指标设置，能源属性中的单位综合能耗依据国家标准《沥青基防水卷材单位产品能源消耗限额》GB 30184—2013 中的限定值、准入值、先进值进行基准值设置；品质属性主要为卷材的物理性能，包括：沥青软化点、耐久性能（热空气老化）、耐水性能，其中沥青软化点直接影响卷材的生产和施工温度，与节能息息相关，耐久性能和耐水性影响卷材的使用寿命，一星、二星、三星基准值依据国家标准《绿色产品评价 防水与密封材料》

GB/T 35609—2017 进行设置。高分子防水卷材的资源属性、能源属性、环境属性、品质属性基准值依据国家标准《绿色产品评价防水与密封材料》GB/T 35609—2017 进行设置。

防水涂料指标中资源属性环境属性依据国家标准《绿色产品评价防水与密封材料》GB/T 35609—2017 的要求进行指标设置，水性防水涂料能源属性中的单位产品综合能耗依据地方标准《水性防水涂料单位产品能源消耗限额》DB31/T 1180—2019 中的限定值、准入值、先进值进行基准值设置，高固含量型防水涂料能源属性中的单位产品综合能耗依据国家标准《绿色产品评价防水与密封材料》GB/T 35609—2017 进行基准值设置。防水涂料的品质属性包括物理性能要求和有害物质限量要求，物理性能包括固体含量、耐久性能、耐水性能，其中耐久性能、耐水性能与涂料的使用寿命相关，基准值依据国家标准《绿色产品评价防水与密封材料》GB/T 35609—2017 进行设置；有害物质限量指标采用防水涂料较为常用的指标，其中一星基准值分别以行业标准《建筑防水涂料中有害物质限量》JC/T 1066—2008 中水性 A 和反应型 B 的要求以及行业的基本现状进行设置，三星基准值依据国家标准《绿色产品评价防水与密封材料》GB/T 35609—2017 进行设置。